这本书的主人是：

航天员 _____

献给亲爱的父亲，即使无法与您见面，您也永远与我在一起。——斯泰西·麦克诺蒂

献给巴普蒂斯特、弗洛莉安和他们的小月亮：查理和维罗。——史蒂维·李维斯

献给我远在火星的表亲：福波斯（火卫一）和德莫斯（火卫二）。——月球

版权贸易合同登记号　图字：01-2024-3151

**图书在版编目（CIP）数据**

月球：夜空明珠 / （美）斯泰西·麦克诺蒂著；
（美）史蒂维·李维斯绘；张泠译. -- 北京：电子工业
出版社, 2024. 10. -- (我的星球朋友). -- ISBN 978
-7-121-48762-0

　Ⅰ. P184-49

中国国家版本馆CIP数据核字第2024GG4987号

审图号：GS京（2024）1994号
本书插图系原书插图。

责任编辑：耿春波
印　　刷：北京缤索印刷有限公司
装　　订：北京缤索印刷有限公司
出版发行：电子工业出版社
　　　　　北京市海淀区万寿路173信箱　邮编：100036
开　　本：889×1194　1/12　　印张：23.5　　字数：119千字
版　　次：2024年10月第1版
印　　次：2024年10月第1次印刷
定　　价：168.00元（全7册）

凡所购买电子工业出版社图书有缺损问题，请向购买书店调换。若书店售缺，请与本社发行部联系，联系及邮购电话：
（010）88254888，88258888。
质量投诉请发邮件至zlts@phei.com.cn，盗版侵权举报请发邮件至dbqq@phei.com.cn。
本书咨询联系方式：（010）88254161转1868，gengchb@phei.com.cn。

# 月球

## 地球最好的朋友

我的星球朋友

[美]斯泰西·麦克诺蒂/著 [美]史蒂维·李维斯/绘

张冶/译 大宝老师/审

# 夜空明珠

電子工業出版社

Publishing House of Electronics Industry

北京·BEIJING

快抬头！看天上！
# 看到我了吗？我是月球，俗称月亮！
我是地球最好的朋友。

地球去哪儿，我就去哪儿。

从一开始，我们俩就几乎形影不离。

让我来给你讲讲我们的故事吧。

很久、很久以前……

大概45亿年以前，一块像火星那么大的太空岩石撞到了那时候还是个宝宝的地球——对，那就是著名的"大碰撞"！

岩石碎片、地球碎片、熔岩……
这些物质一股脑儿地崩到太空中。
后来这些物质渐渐聚集到一起，最后形成了我！

我是一颗卫星！

事实上，我是地球唯一的天然卫星。

天然，就是说
我不是地球人
制造出来的。

卫星，就是说我是绕着
地球旋转的。

地球有成千上万颗人造卫星。但它们往往是用金属、塑料、陶瓷等材料制造的，跟我这个"好朋友材质"的卫星可不一样。

正因如此，我成为地球的一号助手，当之无愧。

我绕地球转一圈需要27.3天。

而我自转一圈也同样
需要27.3天。

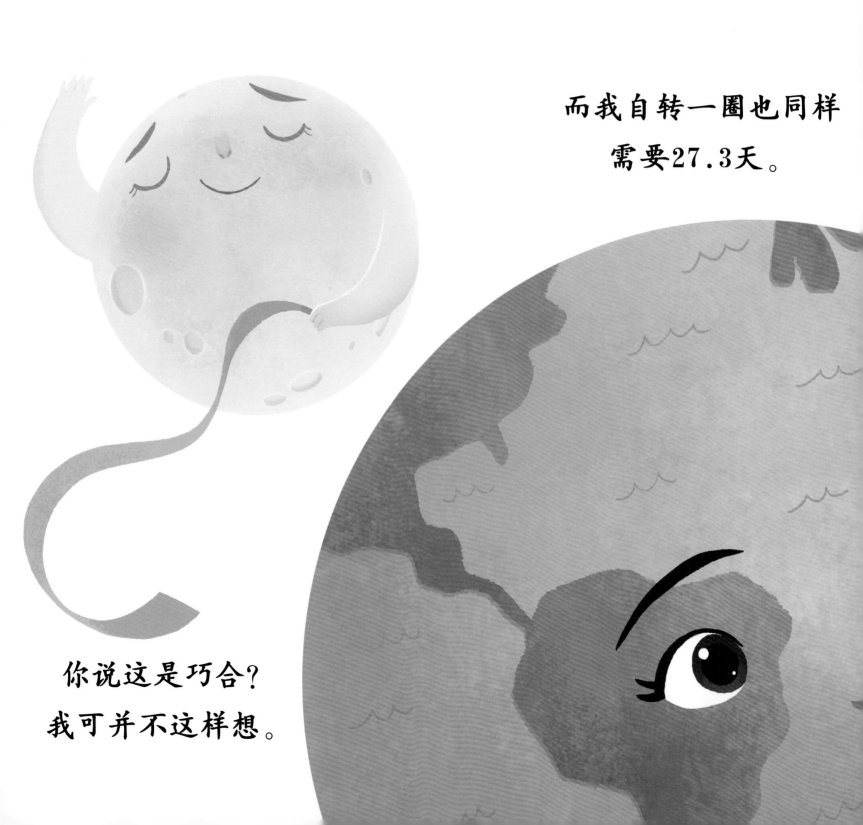

你说这是巧合?
我可并不这样想。

嗯哼，这是因为我是
地球的最佳拍档！

我要让地球一直看到我的笑脸。
（所以，地球上的你应该也从没看到
过我的背面喔。）

你可能已经注意到，每天夜里，我看起来都不太一样。
这很有趣，对吧？

快来看看不同
阶段的我吧！

残月

新月

蛾眉月

下弦月

亏凸月

满月

（狼嚎可和我没有
关系哦！）

盈凸月

上弦月

其他星球也有自己的
好朋友。我是月亮。
但我不是太阳系中唯一的
"月亮"。

海王星 和它的卫星

木星 和它的卫星

土星 和它的卫星

火星 和它的卫星

天王星 和它的卫星

伊奥（木卫一）

卡里斯托（木卫四）

泰坦（土卫六）

盖尼米德（木卫三）

（在太阳系所有的卫星中，
我的个头排在第五位）

我一直是地球的好搭档，
但我们并不是双胞胎。

地球更大，
是我的四倍！

赤道的周长约为
10920千米

赤道的周长约为
40075千米

地球表面的重力加速度是我
表面的重力加速度的六倍。

重力是一种看不见的力，正因为有重力，
苹果才会落到地面而不是飞到天上去。

540

90

一头在地球上重540千克
的奶牛，到了月球上就
只有90千克重。

说到奶牛……

地球上有很多奶牛。

地球上还有关于奶牛的儿歌。

有首儿歌里面唱道，奶牛会跳到月亮上……

事实上，奶牛是不可能跳到我身上来的。我离地球非常远，

别说奶牛了，就连最擅长跳跃的袋鼠也跳不过来。

我和地球之间的平均
距离约为384400千米。

这个距离能容纳**30个**地球。
换作奶牛的话，数都数不过来。

好朋友之间要互帮互助。

我跟地球就是这样。

我对它最大的帮助应该就是防止它太过倾斜。

这种倾斜，地球上的你应该从来没有感觉到！

有了我的引力作用，
地球就能平缓地自转！

没有我，地球会
变得颠三倒四。

不过，喜欢观察月球的你们
不用担心。
你们永远不会失去我。

白天，我并没有消失，我一直跟地球在一起。

你看不到我，
是因为太阳光线太强
或者云层太厚，
也有可能是因为我转到了
地球的另一面。

怎么能证明我一直都在地球身边呢？
看看大海的潮起潮落吧，
潮汐就是最好的证据。

通常大海一天涨潮两次。

一般大海一天也有两次退潮。
潮起潮落，都是我的引力对地球上的海洋起作用。

从我这里看地球，角度最棒。
从地球上看我，角度也最棒。

但是，地球人想要
近距离地观察我。

在浩瀚的太空中，我是唯一一处地球人
能够踏足的地外星球。
到现在，还没有女航天员来到我这里，
我一直在期待着第一个她的到来哦。

已经有12名航天员实现了月球行走，
他们中还有人留下了脚印。

有些脚印现在还留在
我这里，清晰可见！

它们没有消失，归因于月球上既不会
刮风下雨，也不会下雪。

有很多东西你在我这里是找不到的：

氧气

蚊子（这一点我觉得挺好）

植物

液体水

动物

（包括奶牛）

你可以在我这里找到的有：

岩石

很大的岩石

更多的岩石

指甲刀

羽毛

高尔夫球

来自地球的礼物

（都是粗心的地球人落在我这里的）

锤子

美国国旗

我跟地球在一起可以做很多好玩的事情！
比如，日食。

我把太阳挡住几分钟，就形成了日食。
这是我们白天的游戏。

# 还有月食！地球的阴影笼在我身上，就形成了月食。

这是我们夜晚的游戏。

我永远跟地球在一起。
我永远跟你在一起。
地球去哪儿，我就去哪儿。

地球去哪儿，地球上的你，
就会跟着到哪儿！
所以，我跟你也是注定的
好朋友。

## 亲爱的月球守望者：

相信看了这本书，你很容易就能明白"月球是地球最好的朋友"这句话的含义。月亮非常准时，所以我们能准确地知道何时何地能看到它。月亮对地球很有用，是它帮助地球平稳运转，也是它控制着潮汐。月亮也很有趣，如果没有它，我们就看不到日食和月食。地球和月球的友谊牢不可破，甚至可以追溯到45亿年前。所以，下次你可以对你最好的朋友说："你对我来讲就像月亮对地球一样珍贵！"这绝对是极高的赞美。

你忠实的朋友

**斯泰西·麦克诺蒂**

作家，天然卫星爱好者

**另**：每天，科学家们对太阳系的了解都会更多一分。所以，这本书里提到的知识，有些已经更新了——这更值得期待，不是吗？

# 两个真、一个假

下列每道题中，有两种说法是正确的，一种说法是错误的，你能分清楚吗？

### 第一题

A.狼和狗会因为我而嚎叫。
B.我正在远离地球。
C.我有一个富含铁的核。

**答案：**

B和C是正确的。

现在，我跟地球之间的距离约为384400千米。每一年，我都会再远离地球约3.8厘米。

同时，跟地球一样，我也有很多层，包括月壳、月幔和月核。

A只是一个传说。即使是满月，我的自然变化也不足以引起动物们的嚎叫。不过，满月的时候，我太亮了，动物们确实因此而显得更加兴奋。

### 第二题

A.已经有12个地球人来过我这里。
B.我是奶酪做的。
C.我影响着地球上的潮汐。

**答案：**

很显然，B是一个传说。大概五百年前，剧作家约翰·海伍德曾经开玩笑地说过"月亮就是绿色奶酪做的"。虽然是句玩笑话，但却盛传至今。我表面上坑坑洼洼，看上去像瑞士奶酪一样，但实际上这些坑洼完全是太空岩石（小行星和流星）撞击导致的。

A和C是正确的。现今已经有12位航天员来过我这里，他们在我这里进行了短暂的科研活动。

另外，我的引力作用确实影响着地球上的海洋，并引起了潮汐。

### 第三题

A.地球人总是看到我的一个面。
B.我是属于地球的。
C.我让地球人发狂。

**答案：**

A和B是正确的。因为我公转和自转的速度相同，所以地球上的你看到的总是我的一个面。但这并不代表我的另一面"很黑暗"哦。太阳光可以照射到我的任何一个角落，只是照射的时间不同而已。地球总有一半是被太阳照亮的，我也一样。

我不属于任何人。1967年生效的《外层空间条约》禁止任何国家、个人和商业机构拥有任何太空天体。

至于我会让地球人发狂的说法，我只能说，这个说法……非常疯狂。我没法帮你坠入爱河，更没法把你的朋友变成狼人。我的能力十分有限。

# "数"说月球

29.5——每隔29.5天我们都会迎来一个满月。(恒星月是27.3天，朔望月是29.5天。)
384400——月球和地球之间的平均距离约为384400千米。
127℃——月球上的温度最高可达127℃左右。
-173℃——月球上的温度最低可降到-173℃左右。
3476——月球的赤道直径约为3476千米。
3472——月球的两极直径约为3472千米。(月球并不是一个完美的球体。)
27.3——如果你把月球环绕地球一圈的时间当成一个月球年，那么一个月球年相当于27.3个地球日。
27.3——如果你把月球自转一圈当成一个月球日，那么一个月球日相当于27.3个地球日。

# 关于月球的称谓

血月：月球穿过地球阴影就会发生月全食，这时你看到的月亮是红色的，所以被称为血月。
蓝月：一个日历月中的第二个满月被称为蓝月。
超级小月亮：月球环绕地球的轨道并不是圆形的，所以有时候月球距离地球会远一些，这时候月亮就看起来小一些。月球距离地球最远的时候，你看到的月亮就是超小月亮。
超级大月亮：同样道理，当月球距离地球最近而又是满月的时候，你看到的月亮就是超级大月亮（尺寸大概要比平时大14%，亮度大概要比平时亮30%）。

　　在不同的文化背景下，人们还会根据一年中不同的时间赋予月亮各种各样的名字。比如，一年中的第一个满月会被称为狼月、旧月或者冰月。这些称呼更多是源于地球上的生活习俗，与月球本身并没有什么关系。还有些名字听上去很酷，比如雪月、丰收月、草莓月、海狸月和雷月。